☀ Smart boy ☀

男宝宝穿出帅气

王庆飞／著

天然萌
自然美

中国铁道出版社
CHINA RAILWAY PUBLISHING HOUSE

图书在版编目（CIP）数据

男宝宝穿出帅气 / 王庆飞著 . -- 北京 : 中国铁道出版
社 , 2017.1
（家有潮娃）
ISBN 978-7-113-22163-8

Ⅰ . ①男… Ⅱ . ①王… Ⅲ . ①男服－童服－服饰美学
Ⅳ . ① TS941.716.1 ② TS941.11

中国版本图书馆 CIP 数据核字 (2016) 第 184867 号

书　　　名：男宝宝穿出帅气
作　　　者：王庆飞 著

责任编辑：郭景思　　　编辑部电话：　010-51873064　　　电子信箱：guo. ss@qq. com
装帧设计：摩天文传 www.moreteam.cn　东至亿美
责任印制：赵星辰

出版发行：中国铁道出版社 (100054，北京市西城区右安门西街 8 号)
网　　址：http://www.tdpress.com
印　　刷：北京盛通印刷股份有限公司
版　　次：2017 年 1 月第 1 版　2017 年 1 月第 1 次印刷
开　　本：889mm×1194mm　1/24 印张：8　字数：150 千
书　　号：ISBN 978-7-113-22163-8
定　　价：39.80 元

前言

培养孩子的"衣商"和"衣品"

谁说小孩子就没有时尚？男宝宝只能永远不变的上衣＋裤子的组合？其实，把宝宝变得时尚帅气也是父爱和母爱的体现！如果一个小男生每天都穿得普通，甚至很不得体，就算他拥有可爱帅气的脸庞也无法完全体现出来；而如果一个小男生每天都穿得很得体，打扮得很时尚，即使这些都不是昂贵的衣服，也会展现他气质的一面。宝贝变得时尚，不仅让人对他的父母称赞不已，还可以从小培养孩子的审美能力。

提升父母的穿搭能力

许多父母不会帮自家的宝贝搭配衣服，总是随便一件上衣、一条裤子就完事了；有的甚至认为小孩子长得快，而总是给他买大一点的不合身的衣服；很多宝贝，无论是上学还是在户外玩耍，又或是参加生日会，总是穿着类似于家居或睡觉时的服装，也许大人们认为这样最舒适，但宝贝看起来却是太随意，很不时尚；还有些父母没有抓住宝贝的特点而乱搭衣服，每每看到别的小男生衣服很好看，就跟风照搬穿到自家孩子身上，而这些风格或颜色的衣服可能并不适合他……这些习惯了的穿衣观念和习惯，会令宝宝的形象大打折扣。

一本男宝宝穿搭的时尚宝典

如何为男宝宝挑选最合身的服装？如何让男宝宝穿得有特色？怎样混搭才显得不杂乱？哪些颜色适合男宝宝穿着？各式各样的服装单品应如何运用搭配？不同的风格应怎样塑造？宝贝出席不同场合时要怎样穿？在男宝宝的穿衣搭配中，有太多太多的问题需要——了解。本书就是让每个男宝宝都变得时尚帅气有型的穿搭百科全书，帮助家长解开有关男宝宝搭配的所有难题，为心爱的男宝宝搭出最帅气时尚多变的造型。

CONTENTS

目录

Chapter 1

男宝宝的时尚穿衣法则

Chapter 2

男宝宝时尚入门的必备单品

Chapter 3

让宝贝时尚满分的多变风格

Chapter 4

学会入世礼仪的场合穿搭

Chapter 5

突出细节品位的配饰搭配

Chapter 6

帅气可人的四季穿搭

Chapter 1
男宝宝的
时尚穿衣法则

想让宝贝变得时尚帅气吗？抓住书中的小窍门，学会男宝宝基本的穿衣法则，让宝宝穿出自己的个性，无论走到哪里都是吸睛焦点。

法则 1
鲜艳色彩穿搭变暖男

　　不要掉进"高饱和色 =low"的刻板印象里，掌控好高饱和的纯色可是门技术活，高饱和度的大红色在视觉上给人以温暖柔和的感觉，一般人在衣着使用上根本驾驭不住这颜色，用偏冷色的丹宁色中和，轻松驾驭高饱和暖色。

法则 2
松紧有度搭配得体

　　利用服装款式来表现男孩子的体型。选择无领或圆领的衣服，简单大方，搭配运动卫衣等，下身裤子无需太肥，穿束口的七分裤或九分裤为好，张弛有度的松紧搭配会让男宝宝看起来更时髦随性！

法则 3
细节上的呼应更有品质感

　　小细节处往往是大品位的反映，色彩呼应也是一门学问，颜色是黄色裤子，正好与T恤胸标细节色彩呼应，这种看似平凡，却穿梭在固有搭配模式中的细腻的搭配，分分钟提升衣服的格调与品质。

法则 4
细节呼应突出质感

　　小细节的用心往往是高品位的体现，色彩呼应也是其中一门学问。下装的颜色与T恤胸标细节色彩遥相呼应，这种看似平凡却巧妙的在固有搭配模式中互为默契的搭配法，能迅速提升着装的格调与品质。

法则 5
巧妙提升深色单品

　　总会有很多妈妈疑惑，穿着深色是否会让孩子看起来沉闷老成？利用浅色与深色相搭便可以打消这种顾虑。孩子穿着深蓝色毛衣内搭灰色 T 恤，下装选择米色裤子来提升整体亮度，整体搭配协调又大方，轻松提升造型的层次感与亮度。

法则 6
不要拒绝黑白灰

　　五颜六色或者色彩缤纷的衣着或许吸引眼球，但同时，对于"型男"而言，也会让人觉得过于出挑与不够沉稳，黑白灰三色可谓是永恒的百搭色了，不仅如此，绝对是表现沉稳与大气的首选，只要所占面积合理，小男孩也能驾驭黑灰白！

法则 7
层次叠加更混搭

　　国外童装成人化的风潮也吹向了国内。休闲开襟衬衫作为潮男搭配示范装常见的单品，显得非常清新。内搭 T 恤、露踝的九分裤和套脚布鞋等潮流元素，颇有几分度假风的风范，时尚度不仅堪比成人，更释放了男孩自身活力的气息。

法则 9
五五分穿出清爽

　　对于不清楚自己宝贝身型适合什么样的款式的爸爸妈妈们来说，5∶5 是最保守万用的穿搭法则，"5∶5"穿搭即：上衣∶下装=5∶5。在炎炎夏日，只要掌握住了万用尺寸法则，就能穿出理想的样式啦！

法则 9
宽松一点未尝不可

　　要想在千篇一律中体现出自己造型的个性，选择廓形外套也未尝不可。宽松版的廓形小西装，配上经典格纹元素设计，通过搭配的变化，不仅增添了几分复古优雅，还穿搭出了超龄的绅士味道，让小男生有型与帅气兼得！

法则 10
适度硬朗更时髦

　　硬朗型男不再是成年男子的专属标签，不要以为小孩只适合软软的外衣，要从小就让男孩子变得帅气起来，给他穿皮衣吧，再搭配马丁靴，稍带硬度的单品有时候反而更时髦，虽然年纪还小，但也有种阳刚硬朗的味道了呢！

法则 11
同色系的三色戏法

　　对色彩的敏感度是每个人都应该具备的美感，利用色彩的渐变创造出层次感，在需要穿多件衣服的秋冬季节，无疑是时尚爸妈必学的搭配法则。这身搭配选择了黄色调，土黄、姜黄和米黄色，三种颜色运用深浅变化，产生了明暗的层次，给人和谐、有层次的韵律感。

法则 12
风格呼应更时髦

　　搭配讲究呼应与协调，前后上下呼应，以此彰显和谐统一的美感，使着装效果不至于显得单调。比如一件街头嘻哈风的运动背心，搭配格纹滑板短裤，经典帆布鞋，最后加上棒球帽画龙点睛，单品相互呼应比颜色呼应更显时髦！

法则 13
让正式遇上休闲

　　混搭也同样是搭配达人的必备技能，巧妙的混搭风格也同样时尚。正式感十足的格纹西装，搭配着深灰色的休闲裤和 T 恤衫，不会过于单调和沉闷，轻松休闲出街，也可以穿出正式的感觉。不仅是小男孩，混搭法对成年男子也同样适用哦！

法则 14
穿出层次感

　　如何把衣服穿出层次感呢？这很考验爸爸妈妈的混搭功力。可以先选择了一件白色的 T 恤在内里，接着搭配灰色的背心，最好有一些字母或 logo，下身锥形长裤配袜套，这样营造出来的风格是很英伦街头范的。

法则 15
撞色穿出亮眼效果

　　小面积撞色是打破沉闷、抬升气色的好办法，而在小面积撞色中，通身黑色上的小面积撞色又最为时髦，例如利用 T 恤上的图案，或者几件诸如帽子、腰带、鞋子之类的配件进行撞色，能让原本沉闷的整体造型迅速增加亮点与时髦度。

法则 16
像小顽童一样穿衣

　　厌倦了中规中矩的穿搭？顽童风格的搭配，同样能够给我们带来眼前一亮的感觉！T 恤上调皮的字母图案、撞色布贴、扎染印花、猫须边口，或者诸如沙滩草帽、背包、眼镜之类的配饰都是可以打造童趣俏皮的元素。

法则 17
小露肌肤更活力

　　袖口看似并不起眼，但就是在这个被大多数人都忽略的部分中，一个细微的调整有时却神奇地让人看起来不一样了。将袖口稍稍卷起，露出一些手腕，脚踝也同理，简单地一个细节动作，瞬间呈现出自然随性的休闲效果。

法则 18
极简单品打造时髦

　　极简单品也能打造时髦装扮的时尚原则在小男生身上同样适用。彰显舒适风格的棉质 T 恤，下着白色七分裤，外套随意的系在肩上，最后用一顶鸭舌帽做点缀，看似全身都很普通的单品，但是互搭却可体现服装的品质感。

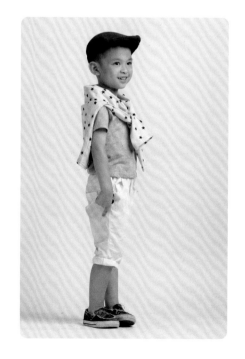

法则 19
跨季穿搭更有品位

　　混季节穿搭的基本原则就是：上穿秋装，下穿夏装。下半身的话一条五分裤就可以搞定，重点就是上半身如何搭配。上半身的单品选择可以是"一薄一厚"，如皮衣内搭T恤。要注意的是，上下单品的颜色选择一定要合拍哦！

法则 20
饱和亮色遥相呼应

　　亮色一直是个大热点，随着亮色的流行度越来越广，越来越多的爸爸妈妈会选择亮色将自己的宝贝打造成元气少年。不过过多的亮色反而会弄巧成拙，小面积的亮色点缀，如在裤子、帽子等配件上，恰到好处即可。

Chapter 2
男宝宝时尚入门的
必备单品

　　T恤、衬衫、卫衣、毛衣、工装裤……这些服装单品是不是琳琅满目，让人挑花了眼？这些单品的风格特点是什么？怎样搭配才能让宝贝更有型？在为宝贝开始着手打扮时，首先要做好这些功课。

简洁衬衫变身街拍达人

衬衫，作为男生们的必备单品，或者单穿，或者搭配，一年四季的每一个时段都有衬衫的身影。所以，如果能够轻松的玩转衬衫的搭配法则，那么你的宝贝一定是年度最时尚的搭配达人了。

将简单的衬衫穿出时髦感

简单大方的衬衫最能体现小男生独有的精气神，只需搭配一条合身的工装裤，帅气度立刻提升。

蓝色圆点的点缀低调典雅，质朴的面料更显文艺气息。

藏青色的格纹衬衫不仅仅有书生的感觉，还伴着时尚的味道。

竖条纹给衣身创造出休闲之外的活力感。

蓝底的线条图案带给人一种前卫效应。

牛仔衬衫硬朗帅气，让男生更显活力。

白衬衫干净清爽，是男生永恒的首选。

温莎领搭配领带完美展示男生修长的脖子。

中式的立领衬衫让男生有种温文尔雅的感觉。

男生穿牛仔色系的浅色衬衫显得非常干净清爽，搭配浅色五分短裤，更加清新有型。

衬衫买搭指南：

1. 偏胖的男生穿小方领的衬衫会显得有些拘谨，应该选择带尖的大领型衬衫更合适。

2. 穿休闲衬衫时不要忘记搭配卡其布、细帆布等相同休闲风格的裤子及休闲鞋，颜色的选择则可以大胆一些，不必拘泥于黑色、灰色等色系。

一衣四穿告别沉闷

常春藤风格的套头卫衣内搭墨绿条纹衬衫，衬衫只露出翻领，是极简单利落的装束。

风衣从来都是时尚的一面旗帜，长款风衣内搭墨绿条纹衬衫，内短外长的搭配让一身造型干练不拖泥带水。

针织开衫和衬衫是天生的一对，充满常春藤气息的针织衫与墨绿条纹衬衫，碰撞出了十足的新鲜活力，尽显英伦校园气质。

简单的印花 T 恤打底，外搭墨绿条纹衬衫，下穿工装裤，简洁利落完成造型。

★ 掀起时髦运动风潮的个性卫衣 ★

卫衣可谓是休闲的主潮流，它在给人带来一种时尚随意的感觉同时，又能彰显邻家男孩的活力动感，特别是在冷暖季节交替的时节，一件时髦的卫衣，可以打造超强的时尚感。

运动单品也能穿出时髦感

充满复古味的印花图案，增添了穿衣态度，将休闲款变得更为时尚，搭配深色牛仔裤，既有风度又有温度。

高饱和的黄色与黑色的撞色非常经典醒目。

具有民族风的暖色碰撞，既舒适又不失独特。

大热的漫威文化令单调的卫衣倍增潮流感。

迷彩与字母印花的搭配前卫不羁，随意潇洒。

耀眼的姜黄色衬托肤色更清爽干净。

连帽卫衣宽松舒适，简明的印花时尚大方。

插肩的巧妙设计让男生更显高挑。

鲜亮的大红色卫衣，看着就让人有好心情。

衬衫、卫衣和工装裤堪称经典搭配，斜纹拉近了距离感，字母的元素又让整体洋溢阳光与青春活力，是非常展现舒适的一套穿搭。

卫衣买搭指南：

1. 长款卫衣与短夹克叠穿，让整体更富有层次感，冬季服装基本可以按"上宽松下紧身"来搭，这种显瘦风格可以提高小男生整体着装的时尚度。

2. 花色的卫衣，最好是用深色的 T 恤或者是深色的裤子来配。

一衣四穿展现小小不羁风

款式简单大方的套头卫衣内搭深色衬衫露出翻领，叠加穿法更显有品，下搭随性休闲的牛仔裤更添时髦度。

卫衣单穿时整体是一种街头休闲风，无需过多装饰，搭配一条简单的卡其裤即可轻松出街。

选择加绒外套的时候内里仍然可搭配一款卫衣，再加上小脚款式牛仔裤和马丁靴，非常适合不太冷的暖冬。

凌乱的印花演绎了街头朋克风，外面套上同色系马甲，带有一点迷彩元素，酷男孩的感觉油然而生。

打造欧式休闲的五分裤

欧式的穿衣风格与我们有些不同，他们很享受时光、悠闲自在。这种充满了欧式休闲风的五分裤正是最好的体现，舒适且清爽的五分裤，让小男生的时尚好感度成倍增长。

休闲元素打造简约单品

五分裤绝对是沙滩度假时的搭配必备，带有冲浪图案的五分裤不仅百搭还显腿型，搭配一件简单的无袖T恤即刻打造休闲有型的度假造型。

深浅不一的蓝色递进大方利落，很有夏天清凉感。

蓝绿是非常自然的撞色，兼具舒适与时尚感。

大胆而跳跃的玫红色与黑色搭配会更加吸睛。

创造性的浅色迷彩让充满气场的迷彩纹路焕发新生。

牛仔卷边的五分裤和T恤的搭配最为简单经典。

亮眼的蓝色让宝贝在众格纹群中独具一格。

黯淡的穿搭只需一些荧光色就能跳脱出时尚感。

复古色的五分裤也是一款极具特色的穿搭风格。

竖条纹拥有自己独特的视觉魅力，蓝白竖条纹的五分裤清新十足，搭配短檐草帽，带来更多趣味。

五分裤买搭指南：

1. 五分裤切勿太松、太大。对于男生而言，过于宽松又不合身的短裤堪称"身材杀手"，既显腿短又显矮，合身得体才是最佳选择。

2. 五分裤搭配小西装堪称正装与休闲装的碰撞，是男生生活装的一条新路线。

一衣四穿打造简洁穿搭

简单的 POLO 衫套上马甲，细腻的针织条纹打破了纯色的单调，搭配五分裤，在传统的休闲风之外，多了一丝正式感。

一条普通的五分裤，一件浅色的卫衣或者其它类型的外套，内里搭一件衬衫，不管是外出还是居家，都是很舒适的穿搭。

　　T恤、衬衫、五分裤，这样是搭配再经典不过，抢眼的波点图案，突显了活泼亲切的氛围，可以让整体造型更加突出而完整。

　　针织开衫质地柔软舒适，白衬衫气质简洁，五分裤简单不失正式，三者的结合完美打造出校园气质暖男。

★ 游走于校园与街头的棒球外套 ★

无论您的宝贝是否热爱运动，拥有一款运动感十足的棒球外套绝对是非常必要的。棒球外套是日常必备的外套单品，不仅可以展现出小男生年轻活力的一面，而且款式多样，十分好搭配。

棒球外套让创意与舒适双满分

拼色款外套非常受欢迎，同色系就能搭配出很好的效果。

胸口的字母点缀是美式棒球衫最突出的特点。

错乱的花纹低调抢眼，同样趣味无穷。

插肩拼色设计在棒球衫文化中传统又独特。

棒球衫最大特点在于它既能游走校园，又能出没街头，休闲又不会过于随意，条纹与数字元素的结合，属于传统经典的美式范。

厚实的棉质加宽松设计让棒球衫呈现浓浓的复古腔调。

经典的拼色款无论日常还是户外都很适合。

麂皮和呢子面料的棒球外套近年来格外受到时尚人士的喜爱。

炫丽的缎面棒球衫呈现活力感的同时不乏自己的小个性。

以不同面料拼接的棒球衫也十分有趣，蓝色牛仔和灰色的两袖，搭配工装裤，将街头混搭风融合得刚刚好。

棒球外套买搭指南:

1. 最能与棒球衫搭配的配饰非棒球帽莫属，有倾斜角度的帽檐可以加强视觉上的吸引效果，营造强烈的冲击感，增强整体搭配气场。

2. 棒球衫内搭卫衣，这种双外套的搭配既省心又能体现小男生个性，是前卫十足的混搭风格。

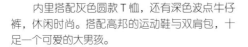

一衣四穿前卫百搭

内里搭配灰色圆款 T 恤，还有深色波点牛仔裤，休闲时尚。搭配高邦的运动鞋与双肩包，十足一个可爱的大男孩。

棒球衫本身已经有足够廓形，无需过多的装饰，搭配一条简单的九分卷边牛仔裤，更增添几分休闲随性的魅力。

棒球衫很百搭，棒球衫与立领衬衫的搭配，给人的感觉相当舒适，是休闲与稳重的完美结合。

棒球衫搭配短裤塑造十足的造型感，这种上"暖下凉"的交叉搭配彰显了很前卫的搭配态度，轻松把宝贝打造成让人过目不忘的型男。

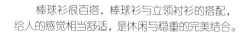

打造帅气绅士的西装外套

传统西装文化往往被人们打上"有文化"、"有教养"、"有绅士风度"等标签，比起往常的休闲风格，正正经经的儿童西装更能形成对比反差，为宝贝选择一件得体西装，打造一位帅气的小绅士。

将简单的衬衫穿出时髦感

经典的格纹元素最常出现在西装之上，如果你想给宝贝表现一种古典的优雅气质，格纹西装绝对值得尝试。套装的形式更加的经典。

优雅轻盈的浅色细条纹中和了西装给人过分正式的印象。

暗金色双排扣式西服的复古优雅。

亲肤舒适的棉质西装更能穿出温暖的暖男形象。

触感粗糙的粗花呢西装复古优雅，怀旧又有型。

传统的苏格兰纹特色鲜明，小格纹很能体现衣服的质感。

细条纹西装是让小男生显得比较成熟的单品。

卡其色是个温馨的颜色，搭配起来更显自然从容。

针织西装温暖舒适，细密的针法诠释更具亲和力的暖男形象。

浅色印花的图案不仅是女生的专利，相比起一贯的深色，浅色系的西装更能很好地凸显出小男生的活力与特别，下身搭配同色系的五分裤，特别适合春意盎然的季节。

西装外套买搭指南:

1. 鲜艳颜色的西装适合搭配黑白灰或同类色调的衬衫，暗色西装适合搭配浅色衬衫。

2. 正规的西装应该是三件套，包括外套、长裤和背心，但这类欧式的背心在中国往往被忽视。

一衣四穿打造活力绅士

　　深蓝色的西装搭配稍长一些衬衫是比较有个性的搭配，加上卡其色的休闲裤多了一点韩国校园风的感觉。

　　西装与T恤是既绅士又自然的搭配模式，这种结合了时髦绅士和校园少年的混合气质能让男生看上去格外的招人喜欢。

　　用针织衫来取代衬衫也是很讨好的搭配，无论是圆领针织衫还是 V 领针织衫，都比衬衫来得温暖与优雅。

　　传统的西装与牛仔裤搭配，增添了些许小男生们的自由个性，破洞的元素又是增添了街头文化的元素，休闲随意。

★ 穿出轻松舒适风格的百搭 T 恤 ★

T恤是每个男生都一定会有的最基本的衣物了，运动时穿它，逛街时穿它，睡觉时也会穿它。虽然 T 恤在款式和基础样式上没有太大改变和颠覆，但你会发现，只要搭配得当，它几乎可以是百变和万能的单品。

轻巧穿搭让 T 恤更时髦

白色字母 T 恤无疑是夏季必备的基础单品，无论搭配长裤还是中裤都可以穿出时髦感。

带有游戏元素图案让 T 恤显得创意十足。

柔软汗布混色 T 恤既舒适又简单。

清新的色调和海边图案非常适合炎炎夏日。

带有高街元素的图案打造随性街头风格。

用拉链点缀T恤，独具匠心的设计既创新又俏皮。

简单而个性鲜明的条纹是T恤不衰的经典。

新潮的3D T恤不管是走到哪里都会成为一道独特的风景线。

浅色的拼色T恤在春季显得格外活泼休闲。

T恤上的黄色胸标街头元素十足，小细节处往往是大品位的反映。

T恤买搭指南：

1. T恤的面料一般有纯棉和涤棉两种，涤棉柔软但闷热，纯棉在穿着时，会更为凉爽舒适。

2. 袖子长度可以参考孩子的上臂，不超过上臂长短的一半较为适宜。

3. 通常来说T恤的衣长不应该盖住整个臀部，否则会给人一种邋遢的感觉。

一衣四穿帅气满满

卡其色绒面马甲，英伦范的格子复古又时髦，搭配白色 T 恤，非常清爽。

格纹与白色 T 恤的搭配经典不衰，一件简单的白色 T 恤便能成就英伦时尚的气质。

吊带裤本身就是种造型感强烈的单品，简单
搭配白色 T 恤是最常见且安全的穿法。

开衫搭配要尽量从简，白色 T 恤是不二选择，
这样搭配最能体现小男生干净的气质。

兼具温暖时髦气质的毛衣

针织毛衣的流行让风度和温度兼得不再是一件难事，初春这忽冷忽热的天气让针织毛衣变成最适合这个季节的单品，不仅如此，针织衫独有的"暖男"气质一定能够吸引到时尚触觉敏锐的爸爸妈妈们。

突出时髦范的温暖单品

纽扣式的开衫的设计方便了各种搭配，作为和大衣外套内搭的单品是不错的选择。

连帽毛线衫让在保暖上更加一分。

黑白混色让一件普通的针织衫充满民族色彩。

围裹领设计的的针织套衫在细节上更能修饰脸型。

素色针织毛线开衫满满洋溢着英伦校园气息。

领口带拉链的毛衣，再内搭一件白衬衫也是不错的选择。

简单的条纹元素是展露简约大方气质的经典图案。

暗红色与深蓝色的几何纹路颇具民族风。

字母图案休闲随意却也帅气十足。

一件版型经典但设计特别的套头针织衫可以帮助爸爸妈妈们在秋天搞定宝贝所有的上装搭配。

毛衣买搭指南：

1. 因为开衫不仅可以内搭，同样会要求外穿，所以在质地与细节的做工上要求更加精细。

2. 厚毛衣的内层可以穿件棉质的 T 恤，这样皮屑等就不会和毛衣相粘。

3. 长袖开衫以不变应万变，简洁大方的款式，可以让毛衣开衫适应不同场合。

一衣四穿厚实温暖

内搭衬衫算是对毛衣最熟悉的搭配了，这既是最简单却也是最能显现气质的穿法。

背带裤也是一款非常减龄和代表着复古风的单品，与毛衣搭配在春季也一样很有型哦！

习惯了在毛衣里内搭衬衫，不妨下次试试将衬衫外穿，你会发现这样的搭配意想不到的英伦范！

毛衣外再套一件派克大衣，抵御严寒又有格调，散发着军装元素的帅气还能兼顾时髦街头范。

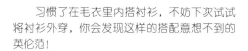

随着复古风的盛行，牛仔外套掀起了一股新的时尚热潮，牛仔外套本身就带着一股不羁放荡的街头感，随便与 T 恤搭配，就是经典的搭配风格，简约而出彩，所以爸爸妈妈们一定要为宝贝的衣橱中准备一件牛仔外套哦！

牛仔元素传递小型男格调

连帽设计是上装中颇受欢迎的一个元素，牛仔外套与帽子的结合成功地为服装增加了一道屏障。

水洗的微微怀旧色调更突显了牛仔布的特色。

连帽设计给牛仔衫增添了一丝运动风。

深色的牛仔布料会呈现出隐约的军旅风。

经典款式的牛仔夹克，有着恰到好处的单宁色。

廓型简洁和线条流畅，衬托出休闲气息和随性气质。

柔软的质感与简约的款式，让宝宝穿着更舒适。

棒球衫的廓形剪裁的牛仔衣也是一大特色。

黑色牛仔更显美式西部风情的帅气着装风格。

时尚经典的牛仔外套就要穿做旧的款式，做旧＋污渍＋重水洗牛仔的设计更显潮流复古风潮！

牛仔外套买搭指南:

1. 牛仔衣不仅可以作为外套外搭，还可以尝试与其他外套叠穿内搭，让穿着更加有趣。

2. 新买回来的牛仔为了防止褪色，在第一次下水之前要先用浓盐水泡上半个小时，然后再按照常规方法清洗。

一衣四穿潮爆街头

做旧牛仔外套搭配深色 T 恤，再多一些印花元素，时尚又不招摇的凸显男孩个性。

搭配同样有高街元素的无袖字母 T 恤，不羁的街头风与牛仔外套做旧效果相得益彰。

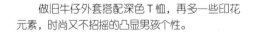

搭配浅色的 T 恤和白色休闲裤，带着怀旧的
文艺气息，个性清爽的搭配超级有范。

个性的牛仔外套也能穿出日常风范，搭配格纹
的西装短裤更是充满了英伦风的味道。

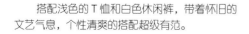

打造帅气利落风格的工装裤

随着时代发展，工装逐渐成为时尚元素，工装范外套、裤子、衬衫等也逐渐被大众接受。工装裤不仅宽松舒适，同时也极为耐穿，对于爱跑爱跳又想要帅摆酷的小男生，工装裤也许是最好的选择。

简洁工装裤利落百搭

对于着装并不是一定得正式，工装裤与休闲式西装的组合更让人显得有品位。

卡其色的工装裤是永不过时的经典款。

浅色的工装裤多了几分文艺的气息。

裤腿收口的款式可有效拉伸腿部比例。

偶尔尝试一下迷彩也非常有个性。

背带设计让工装裤多了几分复古英伦范。

搭配上格纹图案立马给绅士风度加分！

裤腿上的拉链让工装裤回到了最质朴的设计。

跳跃的色彩让孩子在夏天显得更清凉。

白色T恤搭配深色针织衫再配以休闲工装裤，将都市小男生的优雅而又不失儿童活力的一面完美展现。

工装裤买搭指南：

1. 与松松垮垮的工装裤不同，版型修身的工装裤会使宝宝的双腿看起来更笔直修长。

2. 工装裤搭配黑色马丁中靴最好不过，不仅能矫正腿型视觉感，整体气质也能更显利落、干练。

一衣四穿潮爆街头

　　浅色卫衣搭配格纹衬衫，露出小衣领，再搭配工装裤瞬间增添了几许复古味。

　　毛绒皮衣搭配直筒类的休闲工装裤，不仅显得休闲，还有一丝酷酷的感觉。

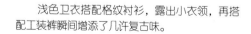

不仅是冬天，工装裤在夏天也同样适用，休闲的直筒工装裤搭配舒适的 T 恤，随意又悠闲。

T 恤搭配开衫增加了悠闲的街头味道，混搭的一条工装裤，又添几分酷酷小男生的味道。

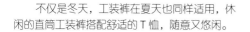

★ 穿出随性风格的五分直筒裤 ★

不管是炎炎夏日，还是冷暖交替之际的春秋，更或是北方暖气十足的冬季，五分裤可以说是横跨四季的单品，再加上直筒款式简约百搭，不仅仅适用于成人穿搭，五分裤的流行早已进入童装界。

简洁五分裤突显休闲时尚

五分裤虽简约但却不简单的，搭配衬衫与套脚鞋，再来一顶小礼帽做点缀，青春活力肆意散发。

经典的牛仔五分裤时尚休闲感十足。

浅色系的五分裤整体有一种小清新的感觉。

无褶五分裤让小男生多了一丝绅士风度。

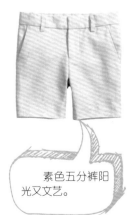

素色五分裤阳光又文艺。

海洋与运动元素的结合让五分裤更显清凉。

横竖条纹的搭配让裤子充满了动感。

背带的设计让五分裤多了一分童趣。

格纹的五分裤将学院风展现得淋漓尽致。

五分裤到底有多百搭呢？简单的 T 恤，搭配一条简单的五分裤，就能穿出清新干净的感觉。

五分裤买搭指南：

1. 在五分裤上身搭配西装的穿法既能满足保暖需求，更有洒脱不羁的英伦味道。

2. 在裤型中，九分裤、七分裤甚至是五分裤都是秀出裤子风采的上上选，秀裤子的同时还能拉长腿部比例。

一衣四穿简约百搭

五分裤搭配一件小马甲，版型修身造型抢眼，不管走到哪都是焦点。

有着夏日清爽气息的格子衬衫，内穿一件背心，下搭五分直筒裤，十足"型男范"！

长袖 T 恤与五分直筒裤的碰撞，有点正式又带点街头风的穿搭，洋溢着活力感。

冷暖交替之际，上身的开衫已足够保暖，下身一条简单的五分裤既透气也不会太热。

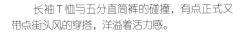

轻松休闲的百搭运动裤

对于男宝宝来说，运动裤早已不仅仅只存在于体育课上，运动与时尚的世界已经连续相撞，是时候让宝贝来一次半运动化的时装混搭啦，让运动休闲元素与时尚文化元素进行完美结合！

运动裤搭配更显男孩气质

上身搭配一件图案活泼的棉质 T 恤，外搭一件无内衬棉质夹克，棉质运动裤也可以穿出小绅士。

灰白的条纹元素满满都是海军水手范。

迷彩元素放在运动裤上也是不错的选择。

大胆的红色让孩子更显耀眼。

胯裆的运动裤既哈伦又舒适。

荧光与字母的元素让运动裤多了几分街头范。

斜方格图案让运动裤多了一分民族风情。

短裤与运动裤的搭配别有一番嘻哈的味道。

侧面的白色条纹带来的是怀旧的校园风情。

要在运动风上不失时尚度，冬季出街外搭一件黑色派克大衣或是太空棉外套，简洁明了又凸显搭配重点。

运动裤买搭指南：

1. 运动裤不仅存在于运动场，如果选择合身的尺寸，就能穿着它出席很多户外场合！

2. 试试用运动裤和一些稍正式的上衣（如棉质西装）混搭吧，小男生的造型会变得相当有范！

3. 如果裤长合适，运动裤还可以用来搭配乐福鞋、牛津鞋、靴子等。

一衣四穿动感活力

兼备时髦感和运动风格的棒球夹克一直是时尚圈的热门单品，搭配运动裤更能彰显年轻活力。

复古水洗牛仔衣太盛行了，搭配浅色系的运动裤，这样简约大气的组合想必秋季超流行。

T恤与背心的叠层搭配不仅时尚而且舒适，下身再搭配黑色的运动裤，阳光的运动男孩总有着独特的吸引力。

运动裤搭配简单的单品T恤，清爽十足。

Chapter 3

让宝贝时尚满分的多变风格

　　如何才能让男宝宝既穿出潮流和时尚，又满足各种造型的效果呢？每个孩子都是各具特色独一无二的花朵，让他们尝试更多的可能，在每个成长阶段都能穿出潮童风格！

学院风 斯文得体优等生

学院风是一种着装风格，是在学生校服的基础上进行的改良，以小西装、衬衫、针织背心为主，代表学生的年轻气息、青春活力和可爱时尚，充满学院气质。

 ## 学院风打造常春藤优等生

V领针织衫搭配浅蓝色衬衫干净斯文，得体裁剪的小西裤自然更是演绎学院风的最佳利器！

单品分解

TIPS：

　　针织背心可以有很多种选择，v领、圆领和宽领，妈妈们可以根据衬衫的款式和宝贝的脸型来选择最适合的搭配。

单品分解

针织衫的简洁线条，深蓝色休闲裤上的黄色涂鸦点缀，俏皮地展示着男生绅士内敛的个性姿态。

TIPS：

　　卡其裤搭配深蓝色毛衣，形成了学院风格，卡其裤贴身的剪裁和挺括的质地将学院风展现得淋漓尽致。

搭配范例

★牛津布衬衫 + 紧身背心 + 波点领带
★无褶短裤 + 德比鞋
一条好看的领带可以给整身装扮大大加分。

★马球衫 +V 领针织套衫 + 牛仔裤 + 皮鞋
马球衫综合了美式休闲风格和英伦学院风，
端庄、舒适而不失青春活力。

★平顶帽 + 复古背心衬衫 + 复古背带裤切
★尔西短靴
复古背带裤的搭配既有新意又依然保持学
院风范。

★纹理衬衫 + 针织西服 + 直筒长裤
★双肩背包 + 皮鞋
针织西服温暖精致，搭配衬衫诠释更具亲
和力的学院形象。

搭配范例

★格纹衬衫 + 背带 + 休闲长裤
★德比鞋
背带可以使裤子更好地悬垂，得体的穿着才是学院风应有的仪态。

★印花衬衫 + 纽扣针织外套 + 修身牛仔裤
★绒面革运动鞋
一件特殊织纹的翻领针织外套，能让白衬衫牛仔裤的简约穿搭更有重点。

★扭花毛外套 + 印花衬衫 + 灯芯绒长裤革
★面短靴
灯芯绒自古就有高贵优雅的气质，常春藤优等生必备单品。

★韩版西装 + 休闲长裤 + 流苏长围巾
★羊皮靴
独具特色的韩版宽松西装，打造浓郁复古学院风。

英伦风 做个翩翩古典小绅士

举止优雅、风度翩翩是大多数人对绅士的第一印象，对于男生而言，绅士从来都不分年龄大小，想把宝贝塑造成一名成功的小绅士，不仅仅谈吐要得体，服装的搭配也是一大关键。

绅士三件套穿出新意

衬衫、外套和长裤的三件套穿法简单却又精致无比，灰色的格纹西装搭配白衬衫更加风度翩翩。

单品分解

TIPS：

细格纹比起大格纹更适合大众穿搭，不会太挑剔，内搭竖条纹的衬衫还能更显身形，德比皮鞋衬托出上身的精致，绅士感随即彰显出来。

单品分解

细条纹西装让男生看起来文质彬彬，衬衫的袖口稍长的细节透露出绅士细心的品质。

TIPS：

　　两粒或一粒单排扣西服最适合小男孩正在成长的体型，柔和的冷色调优雅轻松，搭配白衬衫让整体更出色。

搭配范例

★双排扣外套 + 人字斜纹衬衫 + 修身长裤
★真皮沙漠短靴
在长版外套下衬入浅金色衬衫令整体更添质感。

★双排扣厚外套 + 长袖纯棉 T 恤 + 条纹针织
★拉链绒布长裤 + 骑马款皮短靴
选择条纹围巾搭配同色系外套可打造出英伦的格调。

★灰色外衣 + 西装背心衬衫 + 灰色长裤
★德比皮鞋
穿着西服三件套是老派的做法，但它绝对安全够时髦。

★缎带帽 + 圆点牛津衬衫 + 针织西装外套
★五口袋长裤 + 德比皮鞋
一件简单的圆点衬衫，就能打造出帅气沉稳的形象。

搭配范例

★ 条纹 T 恤 + 双排扣厚外套 + 背带
★ 珠地布西裤 + 工装短靴
经典的双排扣外套在冬天是不能缺少的单品，经典而且百搭好看。

★ 白色衬衫 + 西装马甲 + 海军蓝领带
★ 黑色裤装 + 德比鞋
西装马甲具有流畅的剪裁和优雅的线条，一件轻薄的针织马甲很适合夏日的穿搭。

★ 毛毡鸭舌帽 + 混纺背心衬衫 + 修身牛仔裤
★ 德比皮鞋
有了鸭舌帽作陪衬，就算是一身休闲的装扮也不显平庸。

★ 纽扣针织西装 + 印花衬衫 + 休闲长裤
★ 皮鞋
针织西装最大的特色在于它凹凸不平的针织纹理，相对于传统的款式看起来更加有亲和力。

朋克风 摇滚宝贝好帅气

从上个世纪欧美摇滚乐的流行开始，朋克风也引领了时尚的潮流。这种及其富有创造力的朋克风通常会表现出很强的反叛个性，在穿衣风格大同小异的宝宝群中为宝贝打造别出心裁的朋克风，别有一番滋味。

尖锐叛逆不出格的朋克范

单品分解

无论是铆钉还是充满挑衅图案的 T 恤衫都让单品成为了独一无二的朋克标志。

TIPS：

朋克作为时装领域的重要元素，是在优雅中加入反叛，在低调中透露张扬，一件暗色的的 T 恤钉上铆钉，这件衣服就变成了一场趣味十足的朋克单品。

单品分解

朋克风格的黑色皮衣总是能够给人带来一种随性不羁的感受，黑色的皮衣不仅具有质感，同时也非常的百搭。

TIPS：

　　漆皮外套完整的符合朋克风格所具备的经典概念形象，显得既高调又十足帅气，绝对是喜爱朋克摇滚风的妈妈们不可为宝贝错过的单品。

搭配范例

★条纹 T 恤 + 机车夹克 + 无口袋长裤
★橡胶底运动鞋
凭借独特的帅气硬朗风格，以及实穿百搭的特性，机车夹克绝对是必备单品。

★骷髅图案 T 恤 + 双排扣厚外套 + 紧身牛仔裤
★橡胶底运动鞋 + 补丁背包
外套中融入双排扣、肩盖等英伦元素，营造雅痞朋克范。

★铆钉 T 恤 + 拼接夹克 + 五口袋长裤
★高帮靴
不同颜色和不同材质拼接，是朋克风的热搭造型。

★绒面革 T 恤 + 飞行员夹克 + 牛仔裤
★沙漠短靴
军绿色绒面革及踝靴饰有富于装饰性的刺绣细节，洋溢着些许老派朋克风情。

搭配范例

★刺绣棒球帽 + 水洗 T 恤 + 格纹衬衫
★皮革牛仔裤 + 拼接运动鞋
暗红色格纹衬衫搭配略带朋克范儿的水洗 T 恤，干练利落，摇滚感十足。

★骷髅上衣 + 格子衬衫 + 修身牛仔裤
★高帮运动鞋
骷髅图案有着很强烈的金属风格，无疑是叛逆朋克一族的最爱。

★漆皮外套 + 印字运动衫 + 补丁牛仔裤
★切尔西短靴
黑色皮面短夹克搭配印字运动衫，将朋克与运动时尚相结合。

★图案印花 T 恤 + 机车牛仔裤
★匡威帆布鞋
匡威经典款帆布鞋，组成简洁不邋遢的装扮，作为日常装扮低调有型。

★海军风 夏日里衣角飘飘小·海军★

在酷热难耐的夏季里，海边绝对是最佳的消暑盛地。清爽的蓝白条纹更是去海边度假时的首选，用最饱和的大块色彩塑造海军风，变身夏日里最清爽的 ICON！

夏季清爽海军风

淡淡的水蓝色衬衫搭配薄荷色百慕大短裤，清新帅气的装扮使邻家男孩味道十足，炎炎夏天倍感清凉！

单品分解

TIPS：

　　蓝色和白色非常适合春夏季，无论是搭配长款衬衫还是短款衬衫，帆布鞋还是凉鞋，都非常时尚。

单品分解

一件洋溢着海洋风的蓝白条纹上衣，百搭、随性而成为换季的搭配法宝，是夏日不可或缺的流行单品。

TIPS ：

　　通常妈妈们都会选择细条纹的单品，但宽条纹也是很休闲的选择，搭配同色系的套脚运动鞋和牛仔短裤，让海洋风味更加突出。

搭配范例

★棒球帽 + 条纹 T 恤 + 修身长裤
★拼接运动鞋
蓝白间条纹 T 恤搭配修身牛仔裤，随性自然，
散发海洋的清凉酷爽。

★编织草帽 + 圆点牛津衬衫 + 斜纹短裤胶
★底运动鞋
一身蓝白灰相互呼应的穿搭更显舒适惬意。

★鲨鱼 T 恤 + 重度做旧牛仔短裤
★麻底便鞋
重度做旧的蔚蓝色牛仔短裤带来无比沁凉的
海洋夏意。

★头巾 + 背心上衣 + 海蓝色短裤
★双色运动鞋
最基本款的单品搭上一条海军风的头巾就
能为整体造型加分不少。

搭配范例

★水洗鸭舌帽 + 短袖卫衣 + 牛仔短裤
★运动鞋
深蓝色的单品为海军风增添了一丝复古的味道。

★半框太阳镜 + 亨利衫 + 套穿牛仔裤
★颜料泼溅运动鞋
厌倦了传统的圆领和V领可以尝试亨利T恤，蓝白搭配简洁又清爽。

★编织草帽 + 亚麻长袖衬衫 + 亚麻九分裤
★平底凉鞋
搭配编织草帽，防晒的同时还能展示夏日时尚的感觉。

★半开襟上衣 + 胯裆短裤 + 麻底布鞋★
蓝色编织麻底鞋将夏天文艺与海洋两股时尚潮流融为一体。

复古风 化身为小·小·达尔文

复古风格从来没有出现在"过时名单"中，有人在追求标新立异，自然也会有人崇尚复古，时尚的轮回总会让父母年代流行的元素重新回到孩子们身上。

从细节散发优雅

经典的风衣是忽冷忽热的秋季必备单品，同时也是最经得起时间考验的服装品类。

单品分解

TIPS：

　　经典的卡其色风衣与牛仔裤，布洛克鞋搭配，更显年轻与随意，双排扣深色束腰风衣的设计不仅可以很好地凸显好身材，让男生自然而然地挺拔起来。

单品分解

TIPS：

　　蓝色的条纹 T 恤和背带裤带来独特的复古感，背带裤会是一种阴柔的中性感，两者结合带来一种嬉皮的味道。

　　细腻的棉质的条纹和带有复古风味的背带裤，让男孩倍具亲和力。

搭配范例

★纽扣针织休闲西装 + 印花衬衫 + 休闲长裤
★皮鞋
针织西装搭配米黄色高腰卷边裤和裸靴，露出脚踝部分，复古范十足。

★红色提花 T 恤 + 紫红色卡其裤
★砖红短靴
提花 T 恤与卡其裤的搭配既复古又简约。

★长袖 T 恤 + 绒料夹克 + 暗红色紧身牛仔裤
★篮球靴
70 年代的夹克衫和暗红色牛仔裤既复古又充满摇滚味道。

★棉质西装 + 亚麻衬衫 + 亚麻短裤
★套脚鞋
素色面料的棉质复古西装让男生更显沉稳内敛。

搭配范例

★纽扣小开领 T 恤 + 口袋飞行员外套
★灯芯绒长裤 + 皮靴
20 世纪 80 年代的飞行员夹克搭配灯芯绒长裤，简单的元素复古又帅气。

★提花毛衣 + 工装口袋长裤
★工装靴
流行于 20 世纪 70 年代的工装裤宽松舒适，同时也极为耐穿，一条工装裤就能凸显复古的精髓。

★套头针织衫 + 翻边牛仔裤
★深棕运动鞋
复古绿与翻边牛仔裤的配色饱满却不沉重，内敛却又自由。

★拼接外套 + 水洗牛仔裤
★运动鞋
拼接外套细节充斥着复古与前卫两种潮流元素，打造不用材质的层次美感。

★ 文艺风 邻家男孩般清新自然 ★

相比于欧美风格的奔放与随性，文艺风的搭配则非常简约清新，朴实自然，更加像是一个"邻家男孩"的形象，往往能给人留下一个很好的印象。

轻薄衫穿出清新文艺范

小西装厚实的斜纹，浅蓝色衬衫与灰色九分裤的拼接，搭配羊皮靴相得益彰。

单品分解

TIPS：

　　短款的小西装往往打破了七分袖的长度，隐隐约约的斜纹，令这款精短修身的外套充满时尚的文艺气息。

单品分解

薄款的针织开衫已经足够有文艺范，与卡其色休闲裤相搭更突显惬意风格。

TIPS：

　　针织开衫总能给人一种淡淡的文艺气息，搭配条纹的衬衫与之呼应，柔软的面料带来舒适和文艺时尚的双重感觉。

搭配范例

★格纹衬衫 + 拉链针织套衫 + 滚边牛仔裤
★拼接船型鞋
深蓝色的针织衫柔软又百搭，牛仔裤的滚边细节又不失时尚。

★眼镜框 + 墨绿亨利衫 + 紧身牛仔裤
★深灰板鞋
简单舒适的亨利衫既可作为内衣亦可外穿，眼镜框配饰更显得体斯文。

★针织帽 + 格纹衬衫 + 熊图案运动衫
★工装裤 + 拼接船型鞋
针织衫搭配出的文艺范装扮一直有超高人气，结合卡通图案很有看点。摆脱寻常搭配的单调与乏味。

★白色针织衫 + 深灰烟管裤
★切尔西靴
白色创造小清新向来不会错，传统的烟管裤也是必不可少的文艺青年装备。

搭配范例

★印花衬衫 + 棉麻长裤
★麻底鞋
印花衬衫搭配简洁的裤装和麻底鞋，简洁又清新。

★针织套衫 + 滚边牛仔裤
★船型运动鞋
浅色调宽松针织衫,凸显文艺大方的裁剪风格。

★围裹领针织衫 + 修身长裤
★船型鞋
圆领衫简约流畅的线条带来的文艺气息，细针高领凸显男孩子的精气神。

★条纹衬衫 + 直筒长裤
★魔术贴运动鞋
条纹衬衫搭配休闲九分裤随意又休闲，文艺又与众不同。

街头风 欧美街头小·潮男

通俗的风格已经不再能满足时尚宝宝的搭配需求了，这种从欧洲兴起的街头时尚，将大热人气的高街时尚融入日常穿搭中，让宝宝与潮流更加贴近。

层叠穿搭打造随性街头感

除了搭配西裤，小西服与西装短裤的搭配也是不错的选择，正式感不减的同时，多了一份时尚与朝气。

单品分解

TIPS：

　　短裤加西装的组合是夏日出行不可缺少的搭配方式之一，浅色系的造型显得统一而别致，西装、T恤和短裤选用不同的灰，让整体造型显得更有层次感。

单品分解

从欧美兴起的短袖T恤里套长袖T恤体现个性的层次感，或者现成的假两件也有这样的效果。

TIPS：

　　T恤的层叠穿搭不仅可以打造层次感，对于体型较瘦的男生来说，可以利用层次感来增加身形的厚度，增加厚实感。

搭配范例

★格纹印花围巾 + 印字运动衫 + 修身牛仔裤
★船型裸靴
在暗色、素色为主的秋冬装里，一条经典的格纹围巾总是能起到点睛的作用。

★熊图案 T 恤 + 酒红色夹克 + 无口袋长裤
★皮鞋
热情和沉稳的酒红色在街头潮流中逐渐成为一种极具魅力的新色彩。

★口袋夹克 + 休闲长裤
★沟纹德比鞋 + 黑色背包
在街头风风靡的潮流下，一件帅气的夹克是绝佳的选择。

★多色印花 T 恤 + 红色方格长裤
★松紧靴口皮靴
无论是方格图案，还是各种夸张的印花图案，都是你成为街头潮男的迷人利器。

搭配范例

★刺绣运动衫 + 派克大衣 + 迷彩休闲长裤
★运动鞋

派克大衣不仅御寒又有格调，散发着军旅帅气英姿还能营造时髦街头范。

★飞行员外套 + 图案 T 恤 + 布丁长裤
★篮球靴

飞行员夹克无论搭配牛仔裤还是休闲裤，都尽显率性和真性情。

★熊猫印花 T 恤 + 方格长裤 + 单色帽子
★单色围巾 + 胶底运动鞋

黑白两色一直都是永恒不变的经典，变换形式的搭配也是常常为潮人所追求。

★篮球衫 + 运动长裤
★篮球鞋

动感十足的篮球衫让整体造型无处不展现着街头的随性与叛逆。

西部风 化身西部时髦小·牛仔

属于美国西部牛仔的时代早已过去，但那时候的服装风格却被延续了下来，这种洒脱自由的穿着风格在牛仔单品上体现得淋漓尽致，演绎着不同风格的牛仔时尚。

百搭牛仔演绎街头潮感

单品分解

简单的 T 恤打底搭配牛仔外套，不过份花俏的自然装扮，散发简洁舒服的牛仔气质。

TIPS：

　　若担心只搭配 T 恤会过于单调无趣，可以挑选有铆钉、拼接、缝制徽章等较为抢眼的牛仔外套款式，让造型感更加往上提升。

单品分解

在一件牛仔衣上同时加入拼接和连帽的元素，让一件简单的外套瞬间充满十足的层次感。

TIPS：

　　原色牛仔布与运动面料兜帽及衣袖的拼接，搭配休闲裤，加上浅色的 T 恤打底和黑色系带短靴，营造硬朗的休闲牛仔风范。

搭配范例

★牛仔帽 + 短款牛仔外套 + 高领 T 恤
★沙色休闲长裤 + 沙漠靴
短款的牛仔外套正适合稍有秋意的天气，也是牛仔最爱的永恒经典。

★牛仔马甲 + 拼接 T 恤 + 牛仔短裤
★套脚布鞋
拼接 T 恤搭配牛仔马甲，简约新潮中透露着浓浓的时尚气息，牛仔短裤增加牛仔的不羁味道。

★编织草帽 + 条纹 T 恤 + 牛仔背带裤
★马丁靴
复古的牛仔背带裤充满了童趣，非常适合小牛仔的装扮。

★卡通贴布牛仔外套 + 斜纹长裤
★切尔西靴
卡通贴布风格的牛仔外套尽显童趣时尚，搭配深色的长裤非常的舒适讨巧。

搭配范例

★牛仔马甲 + 无袖背心 + 牛仔短裤
★匡威帆布鞋
无袖背心搭配牛仔马甲简约帅气，尽显休闲
与活力感。

★针织围脖 + 牛仔外套 + 紧身牛仔裤
★马丁靴
粗毛线的针织围脖，显出牛仔不羁的一面，转变
深秋的颓废感。

★编织草帽 + 深蓝色 T 恤 + 补丁水洗牛仔裤
★帆布鞋
不同深浅的蓝色单品的搭配凸显层次感，
草帽与 T 恤的搭配打造现代都市小牛仔。

★遮阳帽 + 字母 T 恤 + 牛仔背带短裤
★帆布鞋
编织遮阳帽搭配浅色系的背带短裤，夏日牛仔
的清凉装扮。

嘻哈风 休闲中更具嘻哈范

嘻哈风格一开始就是一种彻头彻尾的街头风格，宽松大码的穿着非常舒适，休闲中不失个性，而且还独具潮男味道，非常适合个性活跃的男孩搭配。

宽松风格打造时尚潮男

单品分解

卫衣非常时尚百搭，连帽设计和印花个性充满动感，十足的嘻哈气息。

TIPS：

磨白水洗效果让牛仔裤看起来陈旧有味，突显十足的街头嘻哈风特质，休闲又时尚。

单品分解

TIPS：

　　无袖连帽外套很适合在春秋搭配，宽松的风格不仅能够穿出街头嘻哈风的气质，搭配 T 恤卫衣也是非常简单百搭。

　　无袖连帽设计将嘻哈风格表现得淋漓尽致，穿起来帅气有型，春秋做一番这样的搭配，相当有潮男味。

搭配范例

★运动款印字 T 恤 + 打底卫裤 + 运动鞋
★双色背包
跳跃的黄色让嘻哈风格在街头更加耀眼吸睛。

★双层运动 T 恤 + 假两件打底裤
★运动鞋
双层拼接的运动 T 恤不仅层次感十足，还有增加身形的厚度的效果。

★印字运动衫 + 绗缝连帽夹克 + 斑点长裤
★中筒篮球鞋
低裆的哈伦裤与嘻哈风如出一辙，即使是冬天也能穿出嘻哈风。

★迷彩运动衫 + 涂层长裤
★迷彩印花运动鞋
美式嘻哈与迷彩元素的结合既不失衣服的硬朗，又不乏运动的时尚气息。

搭配范例

★印花上衣 + 绗缝棒球服 + 珠地布裤
★运动鞋
崇尚叛逆自由的棒球衫为街头嘻哈提供了更加丰富的搭配可能。

★扭结针织帽 + 骷髅图案 T 恤 + 仿旧牛仔裤
★高帮运动鞋
骷髅图案一直是叛逆风格里经久不衰的元素。

★长袖 T 恤 + 连帽背心 + 绒布长裤
★运动鞋
高饱和的暖色让嘻哈风看起来更具时尚感与亲和力。

★印花 T 恤 + 短袖连帽夹克 + 卡其裤
★运动鞋
短袖设计的夹克嘻哈味十足，内搭长袖或短袖 T 恤都能很好的打造层次感。

★ 北欧风 挪威森里的清新简约 ★

来源于北欧的搭配风格总是明净、极简而富有张力，或许是受冷气候的影响，那里的人平静从容，干净优雅，这种性格也奠定了北欧风情的服饰特点。

冬日单品打造北欧风

驯鹿、雪花、铃铛这些充满北欧元素的花纹让冬天有了北欧的凛然美感。

单品分解

TIPS：

　　毛衫是冬季必备，北欧花纹样式为平淡的针织衫增添了个性元素，让整体形象变得格外得体有气质。

单品分解

有北欧风情花纹装点的针织开衫显得清晰自然，淡雅但却极为耐看的毛领尽展北欧风情。

TIPS：

　　夹杂着条纹、几何形的北欧提花图温和又精致。加厚的针织衫即使到了降温季也可以让宝贝穿得很温暖，宽松休闲的板型能给人舒适的穿着享受。

搭配范例

★机车夹克 + 马球衫 + 修身长裤
★切尔西短靴
柔软的内衬、温暖的毛领、延伸到翻领的拉链和为了保暖收紧的下摆和袖口更像是一个北欧猎人。

★针织帽 + 牛津衬衫 + 提花针织衫
★修身牛仔裤 + 切尔西靴
费尔岛纹毛衣总是能使寒冬变得温馨浪漫，削减了冬日厚着的距离感。

★格纹衬衫 + 拼接厚外套 + 休闲长裤
★骑马款皮靴
简约翻领的拼接外套文艺气质十足，内搭提花针织或衬衫都是整体感十足的搭配。

★牛仔衬衫 + 老虎图案运动衫 + 羊毛夹克
★暗红休闲裤 + 衬里运动鞋
羊毛大衣总让人爱不释手，它是一件最简约的外套，优雅从容，不乏个性宣言。

搭配范例

★熊图案 T 恤 + 绳结扣夹克 + 口袋长裤
★莫卡辛鞋
北欧风情的绳结元素为整体造型加分不少，
别致又帅气。

★牛仔衬衫 + 条纹斗篷 + 深色牛仔裤 +
厚底短靴★
大气的格纹斗篷披在肩上，错落有致的搭配最得
北欧风格精髓。

★麋鹿针织衫 + 针织围巾 + 灯芯绒长裤 +
短靴★
灯芯绒材质以及柔软针织物料赋予男生更
多的北欧绅士范。

★针织帽 + 提花针织 + 松绿色长裤 + 皮质运
动鞋★
在搭配针织衫时，一顶针织帽不但能为宝贝带
来无限温暖的感觉，还能体现孩子十足的童趣。

★ 清新风 穿出新生代小·暖男 ★

气质清新的小男生，给人活力青春的舒适视觉感受，无论是在同龄人还是长辈眼中都非常受欢迎。给宝贝打造清爽的小清新范，悦人又悦己。

浅色单品展现清新情怀

浅黄色针织开衫明媚清新，搭配白色T恤十分清新，下身配米色的休闲裤，简约小清新风。

单品分解

TIPS：

彬彬有礼针织开衫绝对是春日最受欢迎的单品之一，不像T恤那样过于随意休闲，也不会像衬衫那样正式呆板，简约清新又百搭。

单品分解

TIPS：

　　淡色总给人一种，安静而柔和的感觉，让人感到舒服和愉快。简洁的线条和颜色，让男生看起来更加干练和整洁。细节上的柔和，也会使整体形象都大大加分。

　　清新的印花卫衣来凸显极简气质，整体看上去非常舒服，不但不会浮夸，还能突出宝贝的个人色彩。

搭配范例

★灰色针织套衫 + 牛津衬衫 + 绒布长裤
★套脚运动鞋
针织套衫的风格简单大方，灰色小熊图案
给人清新柔美的视觉感受。

★刺绣运动衫 + 紧身牛仔裤
★运动篮球靴
刺绣图案的运用让普通的运动衫更有腔调，
突显男生气质。

★淡褐色运动衫 + 方格衬衫 + 紧身牛仔裤
★系带工装靴
彩色格条纹相交的格子带来的是英伦的清
新之风。

★印花运动衫 + 紧身牛仔裤 + 针织帽
★篮球靴
针织帽与运动衫的搭配更是充满了学院派的
清新风。

搭配范例

★圆领针织衫 + 薄荷绿拉链衫
★之字形绒球帽 + 宽松休闲裤莫卡辛鞋
清爽宜人的薄荷绿不但能给人带来朝气蓬勃的春日气息，还能映衬出男生的清新气色。

★山羊绒针织衫 + 直筒长裤
★棕色切尔西靴
纯色的山羊绒针织衫蓬松柔软，更显清新气息。

★撞色 T 恤 + 棉麻长裤
★麻底便鞋
清新自然的棉麻带给肌肤的舒适度是其他面料无法比拟的。

★浅色水洗牛仔外套 + 图案 T 恤 + 浅色牛仔裤
★高帮帆布鞋
浅色牛仔明媚清新，搭配同色调牛仔裤更显简洁。

休闲风 简单随性又不乏个性

休闲是时尚界永恒的搭配风格。简约休闲风的穿搭方式显得随意舒适，自然大方，让人倍感温馨的同时，也能够穿出迷人的气质。

无拘无束休闲风

单品分解

卡其色的休闲裤搭配一件浅色衬衫，外面套上马甲，随意的挽起袖口，瞬间展现帅气休闲的味道。

TIPS：

马甲给人的感觉就是非常休闲又洒脱，搭配休闲裤和中式衬衫又可以加深这种随意的感觉。

单品分解

将柔软随性的衬衫系在腰间的穿法在增添层次感的同时，还能展现出慵懒休闲的时髦范。

TIPS：

　　早春反复无常的天气是乱穿衣服的季节，衬衫肯定是最方便有型的单品，早晚御寒，热了系在腰上凸显造型，更像是变换了一种穿衣风格。

搭配范例

★印花衬衫 + 休闲长裤

★绒面革运动鞋

碎花衬衫与藏蓝色的结合，营造出雅致的休闲气度。

★牛仔衬衫 + 牛仔裤 + 腰带

★船型裸靴

率性休闲的牛仔简约中不乏个性，用内扎的穿法，显得更加时髦又有型。

★针织帽 + 格纹衬衫 + 高领 T 恤 + 绒布长裤

★船型裸靴

高领衫与衬衫的叠搭法十分不拘一格，彩色条纹外套更增添休闲和愉悦感。

★针织衫 + 珠地布裤

★沙漠短靴

百搭的毛线针织衫很适合搭配出自在休闲的暖男风格。

搭配范例

★牛津衬衫 + 装色背心补丁牛仔裤
★拼接运动鞋
黄黑撞色的背心活力时尚，衬衫中和让整体
不会过于轻佻，休闲又大放光彩。

★太阳镜 + 无袖背心 + 字母短裤
★迷彩篮球鞋
星条旗背心瞬间让宝贝拥有美式时尚，宽松短裤
也将美式休闲演绎得恰到好处。

★拼色 T 恤 + 丹宁牛仔裤
★运动鞋
收口的牛仔裤设计既展现休闲随性，也不
输时髦风采。

★星条印花 T 恤 + 薄荷色短裤
★高帮帆布鞋
星条印花 T 恤搭配薄荷色的短裤，色调统一
又不呆板，率性时尚又动感休闲。

Chapter 4
学会入世礼仪的
场合穿搭

宝贝经常需要出入于不同场合，例如教室、图书馆、动物园，还有陪妈妈购物等，因为场合的需要适当的衣着搭配对宝宝来说十分重要的。合适的穿着，可为可爱帅气的形象气质加分，本章就介绍了宝宝各种场合的穿着搭配。

户外活动穿出轻松感

小男生的户外活动总是少不了奔跑，无需太多束缚，简单的休闲背心搭配透气小罩衫，再搭配一条五分裤就能满足，再戴上一顶鸭舌帽，让户外装扮增添时尚感的同时兼顾实用。

条纹元素
为整体增添了一道街头趣味，搭配透气的罩衫，既不会太热还能防晒。

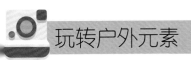

户外活动多种多样，游泳、球类、骑脚踏车等，这些项目中涉及的元素都可以运用到穿搭中，选择起来也有很大的空间。

本来毫无特点的简单款 T 恤有了滑板图案的渲染，立刻变得生气勃勃起来，搭配同色系的阔腿中裤和帆布鞋是永远不会出错的选择，加上一定带有工装韵味的货车帽做点缀，马上使宝宝像滑板男孩那样炫酷帅气。

冲浪渐渐成为了夏日最热门的运动之一，其实冲浪男孩也有属于他们的时髦，一条能体现速度感的短裤往往能带来较高的回头率，搭配充满度假感的海岛印花无袖，哪怕只有薄薄的一件衣衫，也可以成为沙滩上的视线焦点。

夏季，
随意百搭的牛仔服
是小男生的必备单品，
渐变的设计增添了时尚，
即使是在户外也能既有
温度，也有风度。

随着季节和天气的变化，户外装扮也需要搭配不同的色调搭配，对色彩把握不大不如试试蓝色与黑白，是最不会错的万用公式。

无袖字母 T 恤体现着独特的北美文化，水洗做旧的牛仔衬衫又有点复古的味道，下面选择一条与上衣颜色相近的牛仔裤。简洁的深色让男孩的率真不羁，帅气随性体现得淋漓尽致，非常适合轮滑、骑脚踏车这类"硬气"的活动。

浅薄的牛仔衬衫当外套，内搭一件棉质白色背心，穿的时候要记得帮宝宝把衣袖轻挽至手肘处，有着一股文艺青年的洒脱感，而身穿着休闲短裤，搭配休闲高邦鞋，再戴上软软的草编毡帽，是适合外出徒步郊游的装扮。

远门旅行穿出行者范

假期来临之前，一套随性却不随意的搭配无疑是春夏季小男生的最佳示范，上身穿搭的圆领 T 恤不妨搭配一件薄薄的绿色外套，显得休闲又自在。

出远门旅行不妨穿上一件轻薄的外套，既不会太热又能增添随意休闲感。

　　家长们是不是有过这样的感觉，面对小男生千篇一律的 T 恤，想要有所不同，却又无从下手？其实并没有那么难，色彩和线条的搭配千变万化，了解其中的变化特点，让宝宝显得青春又有活力！

　　黑白灰的经典组合传统又不沉闷，上身 T 恤打底，线条简洁的涂鸦图案让这一套变得童趣十足，不必担心过于花哨，舒适的深色外套会让整体在视觉上更加平衡，还不会让宝贝不会在早晚温度较低的时候感到太冷，风度温度两不误。

　　会给宝宝搭配扎染 T 恤的妈妈一定有着不俗的艺术品位，色彩柔和的扎染蓝色给人以阳光海洋的气息，搭配米色短裤白帆布鞋也是朝气而活力十足，即使变天转凉，外搭一件灰色外套不仅保暖，还能提升整体层次感，让宝宝更加有型。

春末秋初,
随意百搭的牛仔服是小
男生的必备单品,即使是
在户外也能既有温度,
也有风度。

116

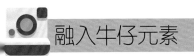

　　牛仔衬衫算是最万用的单品，既可以单穿，也可以当外套，即使搭在肩上也是拗造型的"利器"。对于出行中阴晴不变的天气，牛仔衬衫则是最佳选择。

　　水手色彩的条纹搭配也是相当经典，想要搭配出海岛风味，不如试试搭配无袖背心，像图中这款带字母的无袖背心，就显出十足的沙滩气息，此时再搭配上浅蓝色的牛仔衬衫，让宝宝尽情享受夏季的清爽宜人。

　　帅气的街头字母背心搭配深色哈伦裤，可以说是最适合都市旅行的方案之一了。穿着时可以将裤腿微微卷起，露出星星图案的袜子，不放过任何一个小细节，这样的装扮已经足够酷，若再加上牛仔衬衫的渲染，宝宝完全可以变身旅拍达人。

出入校园穿出学院气息

　　学院派的搭配一直是热度不减的搭配风格之一，其中英伦范学院派尤为出众，它既能彰显男生天生的沉稳气质，又能体现青春活力的气息。

校园
搭配中草绿色带来
清新自然，一顶鸭舌帽
更显潇洒。

衬衫最容易突显男生帅气一面的单品，而学院风又是最容易驾驭的风格，衬衫与学院风的结合更是让人感觉到男生细腻而文雅的气息。

与学院衬衫天生一对的配饰有很多种，比如，一顶草编窄檐遮阳帽、棒球帽或者一个帆布的双肩背包，简单的色彩呼应就可以将学院气息表现得淋漓尽致，在得体大方的前提下更为洋气新潮。

海洋的蓝色与云朵的白色搭配显得青涩却雅致，无领衬衫外搭能让宝宝显得更加的体面和有涵养。裤子选择了很斯文的深灰色，露出小腿部分的长筒袜与T恤相互辉映，这种复古的穿法是不是有趣又个性呢。

119

浅色日系的
搭配持久经典，加上一
定同色系的鸭舌帽让整个
造型更完整。

回归英伦风情

　　学院风代表年轻的学生气息、青春活力和帅气时尚，以欧洲为主打造英伦学院风，是生活中一直流行的时尚元素。它简洁而不简单，怀旧却不失前卫，保证会让宝宝校园生活增色不少。

　　简单的白色T恤搭配浅灰色休闲裤，外搭一件浅色牛仔T恤和运动鞋，一顶针织帽更凸显男生温和的气息，无需过多的装饰，这种简洁的学院风穿搭，一样可以让宝宝帅气十足！

　　白色衬衫、针织背心、西装中裤和帆布船鞋，别忘了别上领口上的领结，这些元素组成了最原始英伦学院风。这样的搭配，即使是小男生，也有了一分绅士风味，简单利落却能散发出无穷的吸引力。

动物园游玩穿出童趣感

和娇柔文静的女宝宝相比，男宝宝对于自然和生物的好奇心显然更重，衣着搭配也不能马虎。通过明亮的服装色彩或者童趣十足图案，为宝宝打造一个充满快乐的"动物园日"。

趣味
十足的动物印花和
熊系色彩让原本平淡无
奇的T恤瞬间灵动起来，
可爱十足。

巧用自然元素

　　缤纷动物图案和大自然元素散落在T恤和配饰上，给原来的单调的纯色T恤增添了生气，休闲又时髦，不妨准备一些可爱俏皮风格的动物图案印花T恤来开始宝贝的动物园之旅吧！

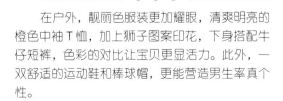

　　在户外，靓丽色服装更加耀眼，清爽明亮的橙色中袖T恤，加上狮子图案印花，下身搭配牛仔短裤，色彩的对比让宝贝更显活力。此外，一双舒适的运动鞋和棒球帽，更能营造男生率真个性。

　　怡人的天气里，任何深色系服装都比不上明亮的用色来得时宜，简单的动物T恤搭配清新草绿色中裤，若妈妈觉得太单调，那就再为宝贝挎上一个迷彩元素的背包，加上大地色系的短靴，巧用搭配让宝贝融入自然。

藏蓝色
显得沉稳，非常适合年龄
稍大的小男孩穿，下面搭配
红色裤子，富有活力，中
和了深色上装的沉闷
感。

营造热情之旅

红色是比较热情的颜色，非常适合宝贝外出的心情。不过，正由于它的颜色过于艳丽，在搭配上衣时，就要讲究技巧和方法，以免流于世俗，不个性反而土气了。

红色不一定只在衣着上，也可以渲染在配件上。马里奥卡通图案的 T 恤童趣十足，配上偏哈伦的板型的长裤，穿着舒适不紧绷。最后背上作为点睛之笔的背包，大面积的红色色块与条纹组合，让动物园之旅更加时尚。

一般来说出门游玩，妈妈们一定会选择耐脏耐磨的布料。牛仔作为满足这些要求的材质，还能通过版型和剪裁给自己加分。上身再搭配印花 T 恤，戴上红色遮阳帽，穿上一双中邦鞋，尽情享受动物园的乐趣。

亲戚家串门穿出好人缘

很多妈妈经常带着宝宝到邻居或亲戚家串门，此时的妈妈们一定是希望宝宝能给大家留下一个听话又懂事的形象，针织衫柔软舒适的质地让宝宝看起来乖巧又讨好，通过搭配配饰让孩子成为家长眼中的小暖男。

卡通图案让男孩更加温和，利用鸭舌帽可以打破针织衫的沉闷。

对于要想把宝贝打造成暖男的妈妈们而言，针织衫是春秋季节不可或缺的单品，细密针脚所打造出的儒雅、复古之感的确能为宝贝们带来不少的好人缘。

虽然不及卡通图案那么童趣活泼，但是英伦风情的条纹衫也能在眼角末梢引起我们的注意，深色的马甲改变了条纹针织衫的随意感，工装裤带来十足的新潮动力，反皮低帮靴低调出行，更是为整个造型增添了不少沉稳感。

套头针织衫不仅可以搭配衬衫，还可以搭配T恤，打破一如既往衬衫搭配的规则。但是要注意搭配时选择领口宽松的针织衫，才能体现出T恤的层次感，孔雀蓝针织衫与卡其色工装裤，碰撞出了十足的新鲜活力。

干净利落
短袖衬衫既保留了男生
的气质，同时也兼具了凉
爽功能性。

时尚不一定就是要穿很多，搭配很多。与繁复的搭配相反的简约风格的穿衣打扮，总给人一种清爽干净、简单自然的感觉。如果您的宝贝是一个文静派男生，简约的时尚风格会更适合宝贝的性格。

清新简约的浅蓝色短袖衬衫，带着小翻领的设计，这样的细节不仅精致而显品质感。搭配上同色系的海蓝色休闲短裤，深蓝的的中帮帆布鞋，墨蓝色的帽子点缀，丰富层次感，让宝贝整体的搭配更显帅气。

格子衬衫是青春活力的代表，不仅舒适而且其简约清爽之余还能够彰显男生的绅士风范，蓝白格纹的短袖衬衫，鲜明的色彩，搭配上明亮的白色休闲短裤，加上一双质地柔软的休闲凉鞋，定能够为宝贝的装备加不少好评的分数。

出席盛典场合穿出文艺范

小清新、文艺男，妈妈们会不会觉得优雅、清新、浪漫的风格都跟你的宝宝沾不上边儿。事实上，你可以使用一些蝴蝶结的搭配，让小男孩看起来更富有文艺与诗意的气息。

浅蓝色条纹衬衫和蝴蝶结很能为文艺风格加分，搭配一条简单的白色五分裤，都可以增添不少清新气质。

棉麻彰显文艺

棉麻服饰，不管是色彩上或者是从款式上来看，都给人一种与世无争的文静之感。加上棉麻采用优质环保的面料，配合清新淡雅的色调，似乎穿上它就能嗅到一丝大自然的气息。

一件浅蓝色棉质衬衫，一条麻质休闲裤，看上去很普通的搭配，精妙之处就是那一双复古的鹿皮靴和一条大小合适的针织围巾，却给这套搭配带来了些许文艺青年的范儿，细节的搭配和单品的运用让整体更潮更有范。

棉麻质地的单品给我们带来了凉爽舒适的穿着体验的同时，也给我们带来了一股清新的色彩搭配风格，无需用亮眼的色系来提升自己的穿衣品位，仅仅用这蓝灰两种最质朴的色调就可以演绎出最纯真、最自然的男生气质。

白色与深蓝
给人舒服的视觉效果，
加上粉色小手枪的印花设
计，轻松打造雅痞文艺
的感觉。

打造雅痞文艺

　　文艺男生有时候总是感觉书生气息太过严重，显得呆板无聊毫无趣味，在搭配上不妨也更加的大胆一些，尝试不同的花纹样式，文艺男生也能搭配出雅痞气质。

　　搭上漫威风潮的便车，漫威英雄元素的图案在 T 恤上再度流行，若不想看起来太过正经老派，试试以格纹黑白衬衫替代外套，书生气中加入了不少活力感，记得帽子颜色要和裤子的色调相呼应，才有整体和谐感。

　　文艺风格的搭配应该要摒弃一些流行的元素，找到自己的一些特立独行的风格，选择牛仔面料打破传统的棉麻材质，搭配一件简单的千鸟格纹衬衫和深色鸭舌帽，让经典的文艺风格带来想不到的效果和时尚感。

与妈妈去购物穿出潮流范

早秋温差会让我们觉得一丝凉意，无论是出街购物还是游玩，一件外套或者夹克都可以轻松满足，抵挡寒意又能穿出休闲与潮流感，早秋出街就这么穿！

牛仔外套
帅气出街，复古的磨白和做旧工艺，搭配暗红长裤便可轻松出街。

其实大部分妈妈更偏爱为宝贝搭配一些简洁的风格，选择一些富有质感的单品，能够提升整个搭配的水准，还能突显出个人不凡的品位，而机车夹克就是不错的选择。

无论是男孩还是男人，黑色系的是万用的搭配。内搭选择深蓝色的毛衣和简单的小格子衬衣，不同面料的拼接夹克，皮质增加了夹克衫的质感，棉质带来温度，搭配滚边牛仔裤和牛津皮鞋，突显出妈妈不凡的品位。

皮质机车骑士外套总是永远的经典，也是妈妈要为宝贝必备的单品之一。除了永远不退流行，在深秋的季节又有实用的保暖作用之外，更是能够轻松地融入每一天的穿搭！白色的简单字母风格 T 恤与黑色骑士外套，强烈的色调对比，有型又有个性！

随性的
防风外套搭配上 T 恤
和短裤，让宝贝轻松度
过这个气温多变的
季节。

防风外套型男

防风功能强大的空军外套从统一制服变成了一种大众服装文化，如今，防风外套已经蜕去了军用的面貌，被赋予了新的廓形和生命，深入到日常穿搭中。

干净利落的剪裁与毫不扭捏的设计让迷彩防风外套时尚又百搭，非常能够迎合当下的风潮，迷彩大衣里可以选择内搭一件海军蓝方格衬衫，下身搭配水洗牛仔慢跑运动裤和皮革靴，绝对有令人眼前一亮的效果。

天气越凉，穿衣搭配便有着厚重的基调，以暖色为主打格纹衬衫作为打底的基调，搭配暗红色的套头帽衫，下搭慢跑裤和皮革靴，一切基础打好后套上防风外套，露出套头衫袖口部分，既有层次感又不显得厚重累赘，美观的同时又保暖。

与小伙伴聚会时穿出亲和力

日常周末里，宝宝与小伙伴的聚会是必不可少的，穿着上虽不用像在学校里那般正式，但毕竟是人多的场合，想让宝宝看起来更具社交亲和力，妈妈们在搭配上还是要花些心思的。

纯棉
质地的 T 恤生来就
是百搭圣品，就像邻家
男孩一样，让宝贝亲和力
十足，随和又大方。

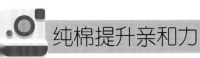
T恤的态度是简单、休闲，没有一点架子，极具亲和力，所以不论什么款式与之搭配，都不会有高高在上的感觉。

以牛仔蓝的天然感作为整体搭配的基准要素，纯棉的蓝色T恤搭配牛仔中裤，加上脚踏车元素的运动图案，既突出舒适、自然、洒脱的态度，又会令男生的亲和力倍增，蓝色系搭配黑白灰的着装，是一项容易驾驭的方案。

无论是大人还是孩子，社交聚会时讨论得最多的往往都是当下流行事物，着装上也是很好的体现。妈妈们想要帮助自己的宝贝成为社交大人，可以尝试了解当下孩子们流行的话题，并选择与之呼应的着装为孩子的亲和力更加一分。

针织衫
有一种令人看一眼便觉
得很舒服的气质，就像是
邻家男孩一样让亲切。

单色的服装搭配起来并不难，只要找到能与之搭配的和谐色彩就可以了，有时候只选用一种颜色、利用不同的明暗深浅搭配，给人和谐、有层次的韵律感。

裸色一直以来都是演绎优雅男子的最佳色彩之一，包括驼色与沙色等大地色调，那种流动性的舒适感，给予人柔美的亲和力。整体选择裸色作为基础，加上条纹元素，耐看与时髦度的相互加持，让宝贝更具亲和力。

暖色调柔和温暖，一般会给人成熟、安静的印象，棉料质地的深色T恤搭配浅灰色长裤，同样的色系的围巾随意地绕在脖子上，不仅质地非常的柔软舒适，让宝贝更像安静懂事的邻家男孩，亲民搭配更加容易让被人留下好印象。

参加游园活动穿出活力朝气

宝宝在参加学校组织的游园活动时，如果对他进行一番精心合体的打扮，不仅能宝宝呈现出活力朝气的面貌，更能让他快速融入户外环境并且自信满满。

全身上下造型颜色一致，体现了搭配的完整性。牛仔裤与鸭舌帽是体现活力的重要元素，而黑白格纹的领结又展现出宝宝积极向上的一面。

兼具舒适和活力

　　宝宝在参加游园活动时的服饰选择要考虑多方面，而舒适中体现出一番活力与得体则应该是重点参考的风格。

　　一款比较学院风的搭配方案，整体搭配都偏向于撞色，棕色的皮鞋和卷边牛仔裤方便活动的同时也很休闲，同样具有运动风的拼接背心搭配针织衬衫，既又活力又有学生气质。

　　将动物与几何图案的针织衫穿在牛仔衬衣外，小范围露出的牛仔衬衣与下身的牛仔裤相互呼应，而驼色的高帮鞋又正好与针织衫统一起来。这款搭配方案能迅速让宝贝在人群中脱颖而出。

拉链式的
牛仔外套让宝贝在玩乐时
方便穿脱，裤脚的彩色波浪
线条为简洁的裤子增添了乐
趣，鞋子与外套、里衣
的颜色相互呼应。

运动风也可以很时髦

　　谁说户外运动只能穿着宽大随意的运动衫？只要合理选择柔软的材质与易于活动的款式，不管是帽衫还是夹克，都能让宝宝穿出活力满满的时髦感！

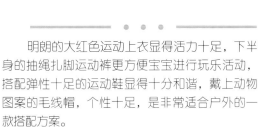

　　明朗的大红色运动上衣显得活力十足，下半身的抽绳扎脚运动裤更方便宝宝进行玩乐活动，搭配弹性十足的运动鞋显得十分和谐，戴上动物图案的毛线帽，个性十足，是非常适合户外的一款搭配方案。

　　此款搭配方案能够将宝贝充分融入游园的活动中，拥有大容量的活力背包考验把游园奖品统统装起来。军绿色的夹克和灯芯绒的长裤二者气质接近且比较舒适，搭配皮质的休闲鞋加强现代摩登感。

自己的生日会穿出正式感

在宝宝的生日会上，要邀请宝宝的小伙伴来一同庆生，身为主角当然需要更与众不同的穿着，如此重要的时刻一定要更用心的为宝宝打扮一番。

黑色系的衬衫、西装马甲与西裤的搭配体现出正式感，而皮质的休闲鞋中和了服装的正式感，更显朝气活力。红色领结是点睛之笔，凸显喜庆。

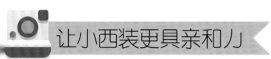
西装不仅仅是重要场合的最佳着装选择，在颜色选择与整体搭配上稍加用心，让带有严肃感的西装更具亲和力，打造绅士格调十足的生日造型！

一款非常具有正式感的搭配方案。为了凸显生日会上的小王子风范，长袖的衬衫和西装外套都是重要场合的重要单品。黑色的双层领结在白衬衫的衬托下更显出宝贝的绅士与隆重。

浅色系的服装能让宝宝看起来更柔和帅气，在正式中融入了亲切感。浅蓝色休闲西装外套搭配同一色系的衬衫、领结很和谐，同色系的裤子与皮鞋又体现了拥有时尚的活力，是一个非常适合小男生的正式搭配方案。

谁说
西装外套一定需要搭
配西裤才和谐？牛仔裤一样
可以混搭出不一样的正式感。修
身的西装外套，加上简约的纯色，
时尚而有型。搭配上休闲的T恤，
下穿破洞牛仔裤，如此的混搭，
让宝宝在生日会上倍显
活力。

小细节彰显高品位，通身造型过于普通时，利用帽子、领结等出彩的配件就能迅速提升整体格调；如果造型已足够出彩，加入一款独特的单品更是锦上添花！

这是一款复古与时尚相结合的搭配方案。背带款西装裤搭配图案的白衬衫，稍稍上折的裤腿和复古的背带把造型修饰得十分的个性时髦。当然最为抢眼的莫过于这顶绅士帽，隆重的生日会需要它来镇场。

轻绅士是这套搭配方案的主打，不管在什么场合都会显得有品位。以沉稳的绿色衬衫为主打，提亮肤色，更显宝宝的有型帅朗，领结的加入提升了牛仔裤的正式感，而踝靴又显得十分随和，是生日会上最吸睛的着装方式之一。

Chapter 5
突出细节品位的
配饰搭配

有时候，一件惹眼的配饰要比一件新外套的时尚价值更高，所以妈妈们在给宝宝穿上潮流的服装时，千万别忘了搭配上相应的配饰。合理地搭配配饰可以起到画龙点睛的妙用。

锦上添花的帽子戏法

一顶时尚的帽子能让最随性简单的服装搭配出潮童范儿；不同材质和款式的帽子同服装的的搭配也能够打造出不同的风格。

TIPS：

通过不同色系不同单品的搭配，打造出整体的层次感。灰色毛线帽与卫衣之间相互呼应，凸显造型的统一。

1 棒球帽

宽帽檐的棒球帽绝对是潮童的首选，佩戴是将帽檐稍向上翻，或把它反向戴，打造街头潮人风格。

2 毛线帽

鲜艳的色彩带着浓郁的节日气息，帽顶上的毛球增添了可爱，是一款兼具保暖与时尚功能的帽子。

3 绅士帽

帅气的格纹，耐造透气的草编，柔和的颜色，是小男孩夏天与秋天的百搭单品。

4 贝雷帽

款式特别的贝雷帽能修饰宝宝俊俏的小脸，彩色的格纹给人一种神秘但却柔和的气息。

5 渔夫帽

蓝色船锚和鲸鱼图案的渔夫帽带着浓郁海洋风，帽子质地柔软，携带方便，是宝宝外出游玩的首选。

6 绒毛帽

寒冷的冬天除了保暖还要时髦！只需要一款绒毛帽就能解决，别以为这种帽子夸张不实用，冬天造型可少不了！

潮流感爆棚的墨镜

墨镜作为夏日遮阳利器，同时也是拗造型的好帮手。在宝宝的穿搭中，墨镜不管是搭配西装还是休闲装，都非常潮，是扮潮扮靓的时髦利器。

TIPS：

格子衬上搭配带重度做旧及格子拼布的修身牛仔小脚裤，与同色系的高帮鞋自成一体。金属感墨镜的加入打造有型英伦风。

1 圆框墨镜

很有复古感的一款圆框墨镜，凸显造型的同时也在避免户外刺眼的阳光，佩戴起来，很有型。

2 黑框墨镜

出游必备款的时尚墨镜，偏方形的轮廓更好的塑造宝宝低调夺目形象，能在整个造型里独挑大梁。

3 格纹墨镜

镜框颜色渐变的墨镜让脸型显瘦又能打造潮人气质，格纹的镜腿，简约而精致的造型，使墨镜更有内涵。

4 反光墨镜

复古反墨镜，彩光元素融合镜框设计，告别以往黑框的"沉重"形象，透露出宝宝跳跃活波之感。

5 哈雷墨镜

经久不衰的哈雷墨镜，贝壳型的镜框，浓浓的复古气息与恰到好处的现代感，时尚气质展现得淋漓尽致。

6 白框墨镜

出挑的镜框设计，就算只是简单的穿着T恤与牛仔裤，也能轻而易举的吸引众人目光。

保暖又时髦的围巾

围巾让宝宝的整体造型不再单调，变得丰满耐看。围巾作为实用型配饰，是秋冬造型中必不可少的搭配。

TIPS：

裤子与上衣，围巾与鞋子相互呼应，通过上下身同色系的不同单品来分割出身材的黄金比例。

1 格纹围巾

格纹是打造宝宝英伦小绅士形象的必要元素之一，如果做想要突出围巾的造型，上衣不适宜过于花哨。

2 毛线围脖

保暖、简便是围脖最大的特点。红色系的暖色调围脖领宝宝散发温暖的感觉，即使在活动时也不担心散落。

3 印花围巾

大面积印花是围巾上采用较多的元素，以缤纷暖色的印花围巾与服装相搭配，展露出绅士新风。

4 羊毛围巾

羊毛围巾以材质取胜，温暖柔软不失有型，是宝宝冬日造型的首选面料。传统的纯色给人最实用最质感的印象。

5 三角围巾

BOY风的宝宝不妨尝试厚实的三角巾，黑色的三角巾以简练的分量来代替多余的层叠感，有一种西部自由的感觉。

6 领结式围巾

柔滑质感利落剪裁在领脖处体现得淋漓尽致，最大限度展现着整体低调而奢华的优质品位。

增添时尚因子的背包

双肩包亮眼的色彩赋予给整体造型增添了跳跃的感觉，迷彩与字母肩带给宝宝带来了无限的自由和探险的男子汉气息。

TIPS：

　　帆布与漆皮拼接的背包，搭配小清新的服装造型，休闲中透露着奢华，背包上亮片的火箭吊坠又显得童趣十足。

1 纹理背包

帆布材质轻便，透气，防水，大理石花纹彰显冷峻的运动风格。这款大理石纹的双肩背包适合宝宝上学、出游。

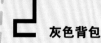

2 灰色背包

低调的灰色背包，包口内折的设计打造轻奢的绅士范，它的背法多样，克双肩、单肩、手提。

3 皮质背包

皮质的双肩包在形状上更挺廓，款式更简洁，颜色也多以稳重的深色系为主，既保留了稳重的气质也增添时尚感。

4 双色背包

明亮的黄色与黑色碰撞出既活泼又沉稳的感觉，简单的收口和绳子包带适合宝宝外出的轻便装束。

5 单肩背包

尼龙面料的迷彩单肩包耐用易打理，可以给宝宝用来参加野营等户外运动背包，是休闲造型不可或缺的装备之一。

6 条纹背包

容量很大能装很多东西的条纹活力背包除了能满足宝宝的外出需求，红色的大口袋和蓝白条纹的撞色也凸显了朝气活力的形象。

时髦又实用的鞋子

虽然帽子、围巾、墨镜等配件都能为宝宝的造型增添亮点与格调，但对于通身装束而言，一款精心挑选的鞋子一定是决定造型成败的关键，要想脱颖而出，一定要在鞋子上下功夫。

TIPS：

衬衫作为内搭，穿在墨绿色衬衫里头，卡其色的休闲裤中和了上衣的正式感。白色鞋子与露出小范围衬衣颜色交相呼应。

1 踝靴

芥末黄的皮质踝靴演绎自由不羁的洒脱,鞋面的毛料彰显大气,厚橡胶的鞋底是舒适的保证。

2 皮鞋

雅致而不张扬的外观看似平凡,金属扣与走线令简约的鞋面精致非凡,修脚的欧式鞋型,打造出一个时尚宝宝。

3 短皮靴

简约的设计风格和纯净的棕色皮料,以及橡胶舒适的鞋底,三大特点相结合的切尔西短靴,散发出低调的奢华。

4 莫卡辛鞋

贴脚舒适,质感一流的莫卡辛鞋,典型的欧雅休闲风格鞋款,更多的是体现休闲身心的一种气度。

5 船型鞋

软皮面料,鞋身柔软可弯折任意角度。拼接明亮的色彩给宝宝带来清爽的调子。

6 运动鞋

款式独特的运动鞋不走平凡路线,它选择让宝宝自在的运动,得心应手却又不失个性。

打造时髦细节的领结

领结是高贵绅士的时髦象征，适合宝宝在正式场合的中佩戴。漂亮的领结被视为内涵的象征，让宝宝像王子一般闪亮。

TIPS：

正装的衣领从来是重要领地，气质、品位、时尚感都能从这片小小的方寸之地传递出去，只需搭配上对味的衬衫、背心优雅庄重立马显现。

1 几何图案领结

蓝色和白色对比色调在这个领结交汇，几何图案的印花更是凸显活泼可爱，生动童趣，为宝宝带来可爱绅士风。

2 迷彩领结

这绝对是硬朗的极致，搭配得宜会极致有型，领结融入迷彩，绅士范与男子气概碰撞出火花，搭配白色衬衫最能凸显领结的独特。

3 印花领结

妈妈们下回带宝宝出门别再只是给他穿素素的衬衫，戴上一条时尚抢眼的领结，让他一样有型。

4 双层领结

安全的黑色、灰色、蓝色等纯色领结都是百搭的好选择，它们基本上可以搭配所有颜色的衬衫与西装。

5 青蓝格领结

这款双层的青蓝格子领结适合拥有娃娃脸的宝宝，能增添帅气。小小的精致感，体现最优雅的英伦绅士范。

6 方格领结

条纹与方格是永不落伍的款式，可以搭配素色或牛仔衬衫，最能够平衡西装或衬衫的严肃感。

提升造型气场的腰带

将上衣稍微往里塞，露出的腰带凸显出身材的比例。即使是全身搭配背心短裤，也因为有了一条别致腰带的加入而变得气场十足。

TIPS :

用休闲的麻质与皮革拼接的腰带凹造型，不仅与整体的休闲风格统一起来，还增添亮点，避免沉闷。

1 黑白条腰带

黑白亮色是绝对的百搭，条纹的设计让腰带变得跳跃，帆布的柔软面料也能让宝宝既舒适又时尚。

2 黄色腰带

把明亮的黄色腰带作为搭配的元素之一，加重了整体造型的丰富程度，而且会绝对的抢眼。

3 红蓝条纹腰带

红蓝条纹加上腰带扣上的黄色皮革，三者为腰带赋予了活力与前卫。它能使简单的素色服装变得耀眼。

4 撞色腰带

软皮材质散发的光泽与棕色、黄色的色泽完美呼应，非常适合用来搭配驼色或大地色系的裤装。

5 格子腰带

多色的格子视觉上并不杂乱，反而是颜色的规整感，这样的皮带除了亮色印花款式，其他颜色下装均可以随心所欲搭配。

6 基本款腰带

这款皮带无论从款式还是颜色上都非常经典，无论是搭配牛仔裤，还是休闲，或西装裤，都十分和谐。

Chapter 6
帅气可以的 四季穿搭

　　宝宝穿搭也有大学问，将宝贝四季穿搭的法则精髓一手在握，让宝宝无论何时何地都时尚满分，帅气有型！

春季打造贴心小·暖男

★ 春天 ★

拼接针织衫 + 白色格子衬衣 + 白色休闲裤 + 黑色帆布鞋

黑色系也可以演绎出春天的清新气质。

★ 春天 ★

**纯棉三角领 T 恤 + 双扣无袖马甲
+ 墨绿棉麻休闲裤 + 灰色植绒短靴**

沉稳的颜色混合搭配后也能呈现春天
清爽的感觉。

 春天

**白色短袖衬衫 + 浅蓝色马甲外套 +
深蓝休闲五分裤 + 白色帆船鞋**

浅色和深色单品混搭出来的效果，更
显搭配功力。

**蓝色 V 领针织开衫 + 咖啡色爵士帽
+ 卡其色五分裤 + 驼色休闲鞋**

用针织衫搭配出来的春季造型，搭配
帽子单品，更显文艺气息。

夏季做个帅气的阳光男孩

★ 夏天 ★

棉麻双色围巾 + 格子背带短袖 + 格子五分裤 + 休闲鞋

灰棕色的色彩搭配在夏季更显清爽与舒适。

条纹衬衫 + 白色休闲裤 +
灰色帆布鞋 + 编织草帽

夏日就要清清爽爽，一顶帽子就可以
穿日夏日度假风。

**印花白色 T 恤 + 绿色五分裤 +
白色帆船鞋**

闲适的穿着在夏季不仅能够吸汗，绿
色的搭配增添夏日气息。

夏天

**白色立领棒球服 + 黑色五分裤 +
黑色棒球帽 + 灰白色运动鞋**

运动休闲的单品搭配为了增加时尚度，
可以选择搭配一顶黑色的鸭舌帽点亮
造型。

秋季变身风度翩翩的小·绅士

★ 秋天 ★

**浅灰色衬衣 + 土黄色短款外套 +
小格五分裤 + 高帮休闲靴**

充满西部牛仔气息的搭配也能在秋天
感受到舒爽。

墨绿色小高领衬衣 + 灰色九分袖
小外套 + 条纹休闲裤 + 高帮靴

不同单品的混搭，能创造出另外一般
风味。

**蓝色针织外套 + 卡其色长裤 +
棕色爵士帽 + 驼色牛津鞋**

蓝色针织开衫以及卡其色长裤的搭配，
再搭配一顶爵士帽，既保暖又能增添
文艺感。

秋天

**土黄色外套 + 灰色针织打底衫 +
直筒五分休闲裤 + 高帮登山靴**

秋季这样的搭配方式更能令人感受到
风度与时尚度。

冬季既要温暖也不失风度

★ 冬天 ★

**条纹衬衫 + 白色休闲裤 +
灰色帆布鞋 + 编织草帽**

夏日就要清清爽爽，一顶帽子就可以
穿日夏日度假风。

灰色小高领针织衫 + 长款撞色棉马甲 + 雪花休闲裤 + 黑色高帮靴

温暖的针织衫与马甲，再用色彩注入冬季更显男孩健康活力。

**姜黄色羊绒围巾 + 灰白浮纹毛衣 +
米白休闲裤 + 高帮休闲鞋**

利用一条姜黄色的围巾来提升冬季搭
配水准，温暖之余更显品质。

**丹宁色爵士帽 + 星星打底 T 恤 +
衬衫式棉外套 + 棕黑色拼接裤 +
黑色休闲鞋**

潮感搭配可以用一条黑色底裤搭配棕
色短裤拼接，街头时尚味道即刻凸显。